预警机，驾到！

王懿墨　于兆华　屠正阳◎著　东千兔兔◎绘

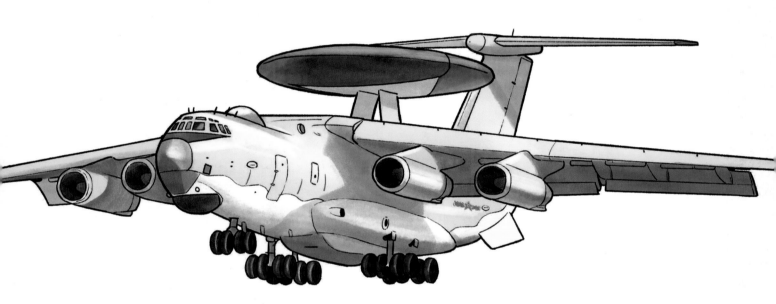

U0217456

北京科学技术出版社

预警机，驾到！

"这种飞机我第一次见，听说它是用高科技装备武装的'超级指挥官'……"新一期的国防科普节目《武器大揭秘》正在播出。什么飞机这么神秘？让我们把目光聚焦到今天节目的主角——预警机。

我国未来的舰载预警机

可在电磁弹射型航母上起飞和降落，装有小型圆盘状搜索雷达，可扩大航母的搜索和攻击范围，是我国新式航母的"战力增幅器"。

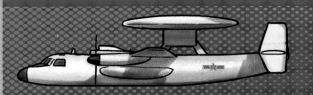

我国未来的中型预警机

将在国产新型客机的基础上研制，可搭载更先进的雷达设备。

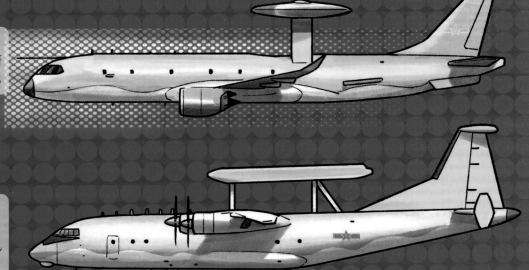

空警-200预警机

我国第一款中型预警巡逻机，背部有平衡木状雷达，适合执行边境附近的空中巡逻任务。

空警-500预警机

我国空军主力预警机，装有功率更大、"看"得更远的新型数字相控阵雷达，部分改进型号还具备空中受油能力。

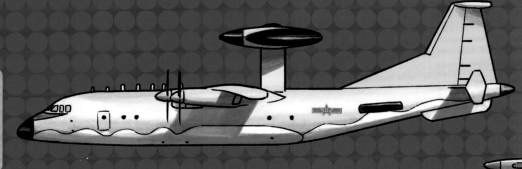

空警-2000预警机

我国自主研发的大型远程预警机，能同时指挥上百架战斗机协同作战，最大起飞重量达上百吨，是威慑力十足的"空中巨无霸"。

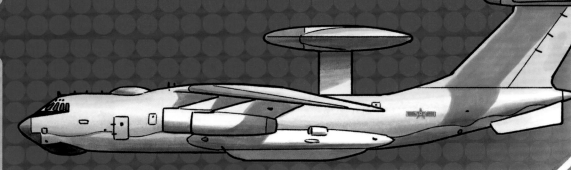

预警机，集合！

　　预警机是空中侦察能力强、指挥系统复杂、装备先进的军用飞机。相比战斗机、轰炸机，预警机出现的时间较晚。但它们经过更新换代，凭借各种先进的装备，如今成为战场上的"空天重器"。

预警机比其他飞机更好辨认，它们背上的雷达格外显眼。

世界上第一架预警机

第二次世界大战后期，美国海军在"复仇者"舰载鱼雷攻击机的机腹中加装了简易雷达，用于执行航母舰队的空中警戒任务。世界上第一架预警机就此诞生。

空警一号预警机

我国研制的第一架预警机，目前作为国家一级文物收藏于博物馆中。

这架预警机据说是由图-4轰炸机改装而成的！

检查雷达，
启动发动机！

预警机飞行员
不仅要有过硬的驾驶技术和强大的心理素质，还要有优秀的作战指挥能力。

机组乘员就位，
雷达控制系统开启！

光电搜索装置
一种内置激光发射器的新型空中探测装置，是预警机的"火眼金睛"，在漆黑的夜晚也能发现远处的目标。

防辐射背心
布料里织有比头发丝还细的金属丝，能阻挡雷达和其他电子设备发出的强大电磁辐射。

为什么一定要
穿上这件背心呢？

各就各位，准备出动！

"全体集合，登机！"干脆的口令回荡在机库内。我们迫不及待地想和预警机机组乘员一起登机……"我知道你们很急，但先别急，一定要穿上这件背心再登机！"一名工作人员拦住了我们，对我们说道。

这是防辐射专用背心，能保护我们。

原来这背心是一层穿在衣服里的"保护膜"！

预警机上都有哪些机组乘员？

除了飞行员，还包括十几名指挥员和技术人员，他们负责操作飞机上复杂的侦察、搜索、预警、指挥、通信系统。作战时，空军的高级指挥官也会在预警机上。

赤心墨兔说

卫星通信天线

雷达整流罩上方像"蘑菇头"一样的装置，能使预警机与卫星之间进行快速的信息传输，实现跨越大气层的空天协同作战。

鞭状通信天线

装在预警机背部和腹部的刀片状装置，可发射加密的通信信号，用于对空、对地、对海的远距离通信联络。

舷窗

前舱门

风挡

飞机要沿着滑行道标识线前进。

滑行道标识线

位于机场滑行道的正中央，引导飞行员操纵预警机居中滑行，避免飞机偏离跑道，造成事故。

9

加速，起飞！

伴着发动机的轰鸣声，预警机开始爬升，起落架随即被收入机腹。

螺旋桨达到最大转速，预警机推开云层，将散落的白云甩到了身后……

预警机背着"大圆盘"起飞时遇到的空气阻力肯定很大，但科学家完美解决了这个问题！

雷达支架

能架高雷达，扩大雷达视野。因为应用了空气动力学原理，所以能减小雷达对飞行性能的影响。

翼梢小翼

尾翼上安装的垂直小机翼，可减小飞机受到的空气阻力。

空中作战指挥舱

预警机的指挥中枢，能容纳十几名乘员，还有一个小型休息区。各种信息都是从这里发送给其他飞机的。

轰轰轰

可收放型起落架

能支撑预警机上百吨重的巨大身躯，在预警机起飞后会折叠起来收在机腹中。

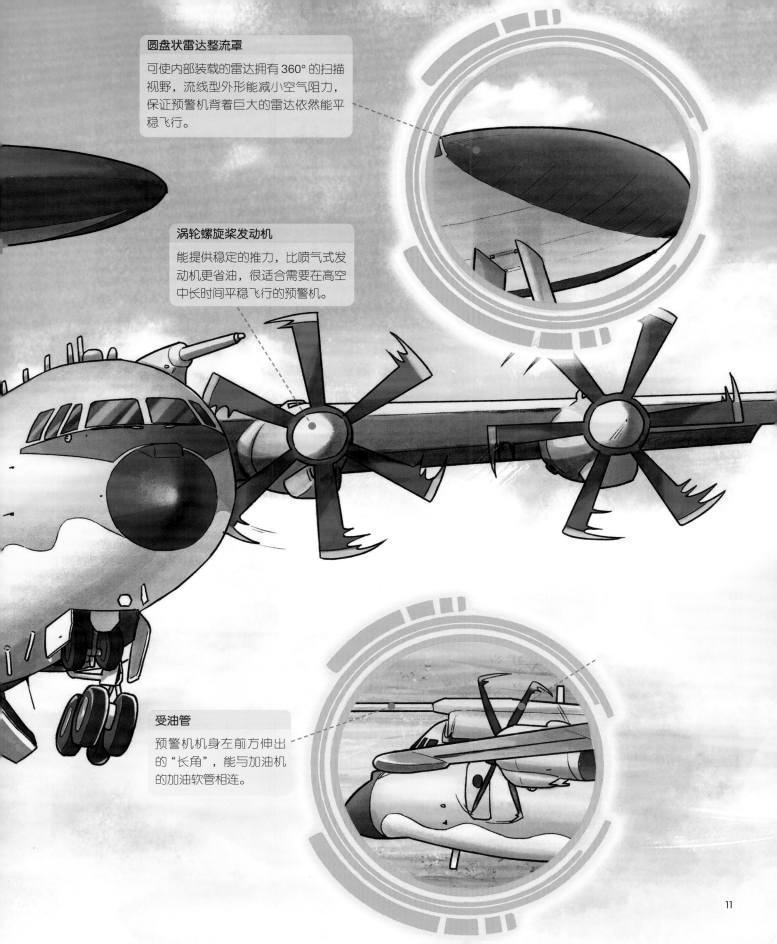

圆盘状雷达整流罩

可使内部装载的雷达拥有360°的扫描视野，流线型外形能减小空气阻力，保证预警机背着巨大的雷达依然能平稳飞行。

涡轮螺旋桨发动机

能提供稳定的推力，比喷气式发动机更省油，很适合需要在高空中长时间平稳飞行的预警机。

受油管

预警机机身左前方伸出的"长角"，能与加油机的加油软管相连。

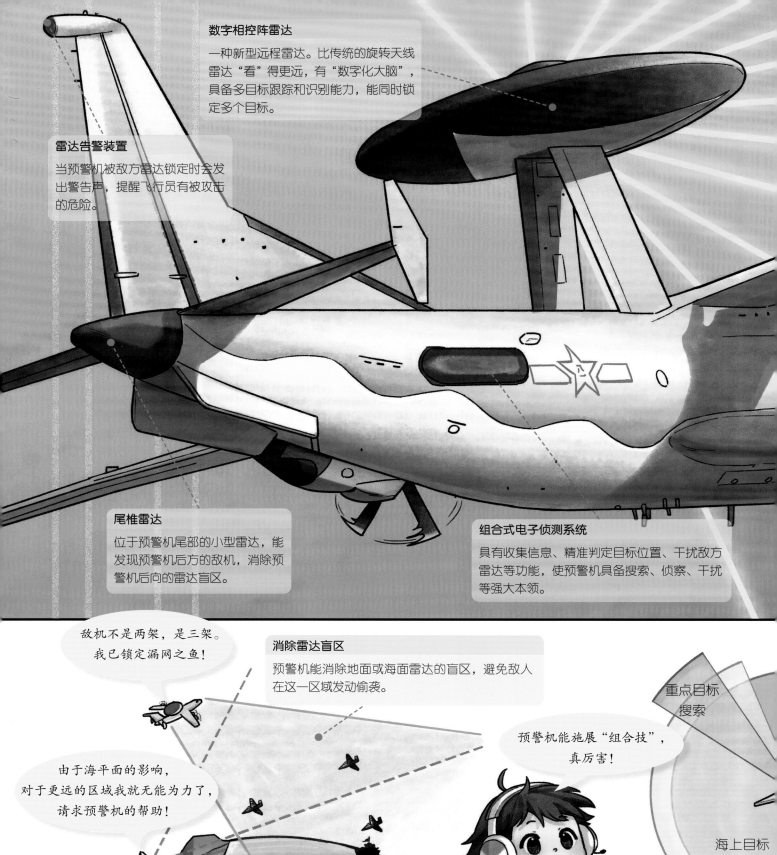

数字相控阵雷达
一种新型远程雷达。比传统的旋转天线雷达"看"得更远，有"数字化大脑"，具备多目标跟踪和识别能力，能同时锁定多个目标。

雷达告警装置
当预警机被敌方雷达锁定时会发出警告声，提醒飞行员有被攻击的危险。

尾椎雷达
位于预警机尾部的小型雷达，能发现预警机后方的敌机，消除预警机后向的雷达盲区。

组合式电子侦测系统
具有收集信息、精准判定目标位置、干扰敌方雷达等功能，使预警机具备搜索、侦察、干扰等强大本领。

敌机不是两架，是三架。我已锁定漏网之鱼！

消除雷达盲区
预警机能消除地面或海面雷达的盲区，避免敌人在这一区域发动偷袭。

由于海平面的影响，对于更远的区域我就无能为力了，请求预警机的帮助！

预警机能施展"组合技"，真厉害！

重点目标搜索

海上目标搜索

消除雷达盲区——神秘的"圆盘"

我国新型预警机上最厉害的装备，就是背上这个圆圆的"大盘子"——数字相控阵雷达。它不仅能消除地面或海面雷达的盲区，还能"未卜先知"。

预警机具备多目标锁定能力，可精准引导我方战斗机将敌人一网打尽。

预警机如何"未卜先知"？

预警机凭借强大的空中态势感知能力，可预判敌机的飞行轨迹和攻击路线，从而让我方人员和战机都身处安全区，从容地向敌方发起攻击。

赤心阳兔说

有了超级计算机和超级雷达的加持，预警机在战场上才能掌控全局！

雷达侦测"组合技"

预警机的雷达功能十分强大，可"一心多用"，一边搜索附近的海面与天空，一边用"望远镜"搜索更远的区域。

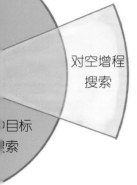

对空增程
搜索

目标
索

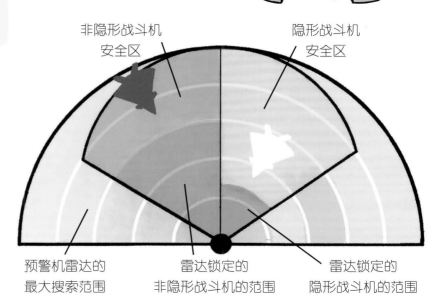

非隐形战斗机
安全区

隐形战斗机
安全区

预警机雷达的
最大搜索范围

雷达锁定的
非隐形战斗机的范围

雷达锁定的
隐形战斗机的范围

细解预警机的"连招"

　　预警机雷达的搜索范围能形成一个巨大的球形空间。在这个球形空间内，预警机还可以使用一套"连招"来寻找目标。接下来，我们将这套"连招"一一拆分，看看预警机的具体招式吧。

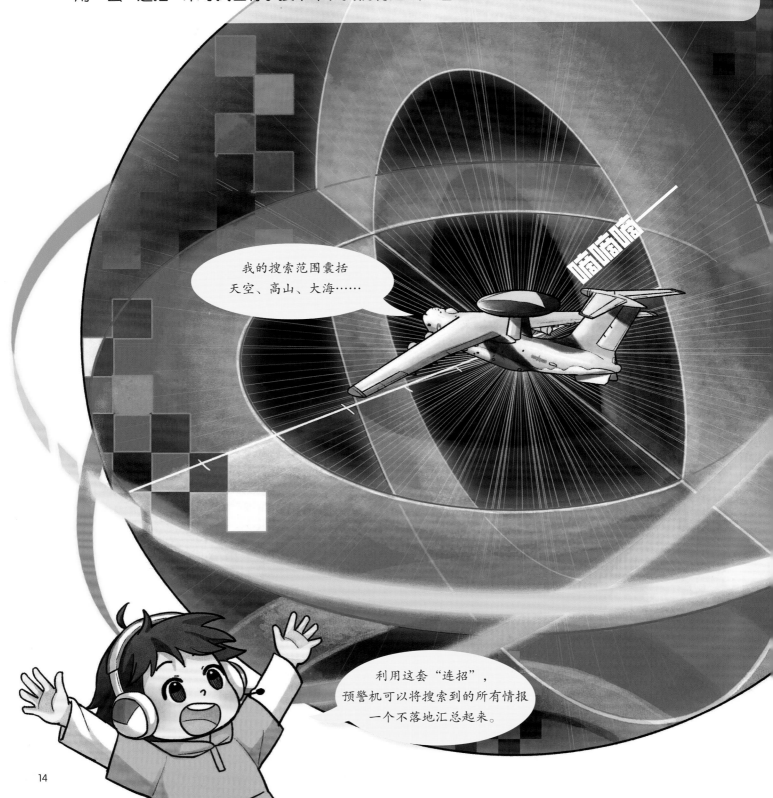

跨区域预警监视模式

在这一模式下，预警机可对一大片区域进行广泛搜索，寻找空中的敌机和导弹的踪迹。

预警机施展的这套"连招"让敌人无法躲藏。

危险目标搜索模式

在这一模式下，预警机在大范围搜索的同时，能从诸多目标中找到最危险的敌方武器，甚至能对敌方的水下潜艇和无人潜航器等进行定位。

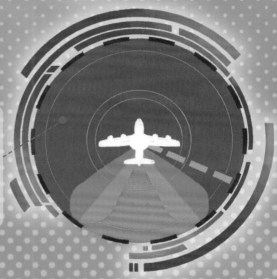

危险目标跟踪模式

在这一模式下，预警机可跟踪目标，持续扫描高威胁区域，锁定来袭的导弹、无人机等，掌握它们的动向，并引导己方战斗机、导弹等进行拦截。

空战指挥战术

预警机和战斗机常见的配合战术。在预警机发现敌人后，空中战术指挥员指引战斗机瞄准敌机，将其击落。

超视距反舰战术

指预警机从高空为反舰导弹提供目标信息，与导弹"共享视野"，使导弹能攻击几百甚至上千千米外的敌方军舰。

A射B导战术

一种新式空战战术。战斗机飞行员无须锁定敌机目标，只要对准敌机目标的大概方位发射导弹，再将导弹的控制权移交给预警机即可。

向你正前方发射中距空空导弹，发射后由预警机为导弹指引目标。

空中战术指挥员

负责战场情报统筹和飞机的指挥调度，把握总体战局，迅速做出决定。

机舱内的"战术大师"

指挥舱内的指挥人员个个都是"战术大师"，他们能根据敌人的动向迅速选择有效的战术，进行精准指挥。

> 已为反舰导弹输入打击目标！

> 再完善的战术也不能完美应对突发的紧急状况，还需要指挥人员根据战场情况随机应变。

空天信息工程师
负责操纵预警机雷达，及时传递卫星和雷达搜集的信息，是预警机上的信息专家。

导弹攻击指令员
负责接管导弹发射后的控制权，引导导弹瞄准目标，能像操控无人机一样操控导弹，是预警机上的武器专家。

> 预警机光靠高科技武器还不足以掌控天空，真正厉害的还是舱内的指挥人员。

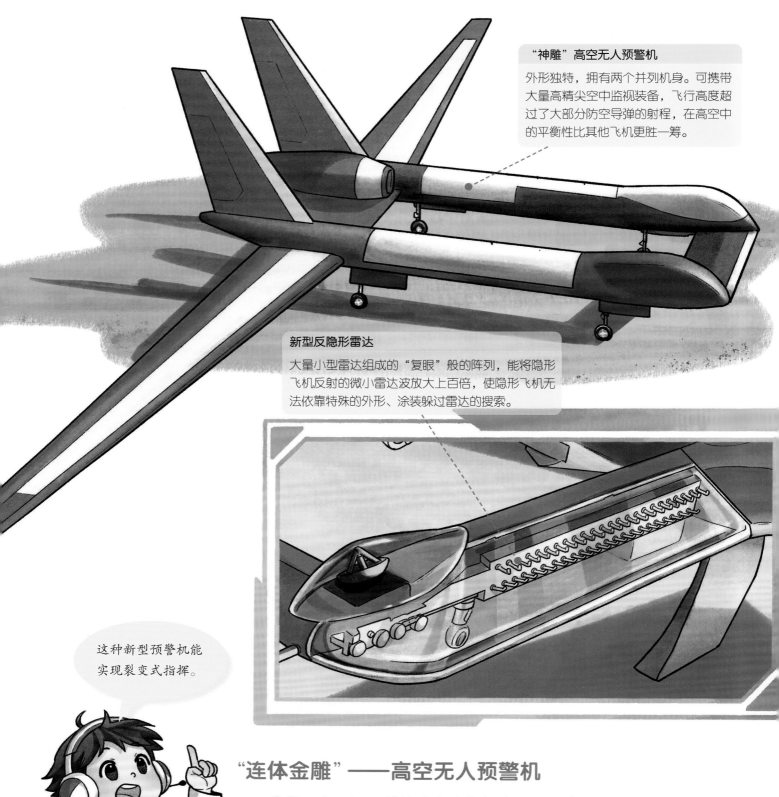

"神雕"高空无人预警机

外形独特，拥有两个并列机身。可携带大量高精尖空中监视装备，飞行高度超过了大部分防空导弹的射程，在高空中的平衡性比其他飞机更胜一筹。

新型反隐形雷达

大量小型雷达组成的"复眼"般的阵列，能将隐形飞机反射的微小雷达波放大上百倍，使隐形飞机无法依靠特殊的外形、涂装躲过雷达的搜索。

这种新型预警机能实现裂变式指挥。

"连体金雕"——高空无人预警机

我们再来见识一种能让空中指挥产生"裂变"的新式预警机——高空无人预警机。当你见到它们时，它们奇怪的外形一定会让你大吃一惊。

伙伴加油技术

无须出动专门的大型加油机,由同型号的飞机进行空中加油的技术。可使空中加油作业更加省时、省力,提高了飞机执行任务的效率。

这种无人机中的"巨无霸"可实现空中互相加油,因此可以飞得更高、更远。

开始执行伙伴加油任务,准备对接!

电子干扰

雷达搜索

图像识别

巡飞弹

指挥数据链

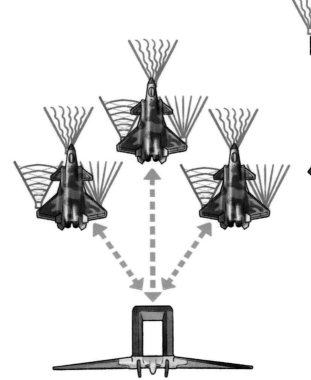

矩阵式指挥

预警机指挥由多架战斗机组成的作战矩阵,执行搜索敌方雷达、电子干扰,以及识别敌方战机的图像等任务,是传统空战的指挥方式。

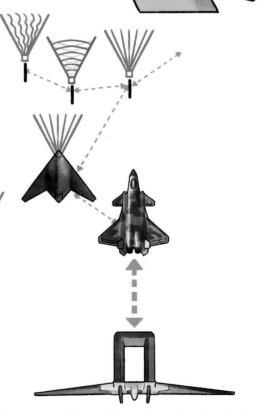

裂变式指挥

未来空战的新式指挥方式。预警机将指令递进式发送给战斗机、无人机、导弹等,让其自动识别目标,并进行攻击。

舰队"战力增幅器"——海上预警机

联合作战指挥中心的全息投影沙盘上，一支航母编队正在航行。海上预警巡逻机、舰载预警直升机、舰载固定翼预警机……一群"新面孔"出现在编队中。

舰载预警直升机发现低空慢速目标，疑似敌方无人机！

预警雷达

这么看，预警机就像是航母编队的"战力增幅器"。

海上预警巡逻机

搭载了改进型雷达，除具备常规的对空、对海搜索能力，还具备一定的反潜能力，可扩大航母编队的水下视野。

预警机已将敌方信息传输给航母编队的驱逐驱逐舰准备发射超远反舰导弹。

舰载预警直升机
由重型舰载直升机改装而成，能准确识别企图低空偷袭的无人机和反舰导弹等，扩大了航母编队的中近程低空视野。

新式舰载固定翼预警机
能从航母上弹射起飞，在航母编队的前方展开预警搜索。2~4 架舰载预警机交替值班，就能使航母编队拥有 24 小时不间断远程预警能力。

中国海军航母辽宁舰

歼 -20 隐形战斗机

舰载固定翼预警机已升空，雷达开启最大功率模式，扩大搜索范围！

在大规模战斗中，航母编队会接受海陆空一体化指挥。

我从没见过这么大的阵仗，是因为有航母编队参加战斗吗？

21

全球覆盖——太空中的数据链

在古代，人们认为只有站在星星上才能俯瞰地球。如今，太空中有很多人造的星星——人造卫星。它们与预警机一道，组成了空天预警数据链，随时进行侦察与预警。

空天预警数据链是什么？

空天预警数据链是现代战争的信息情报中枢，能在信息化战争中实现降维打击。它的预警搜索范围上至太空、下至海洋。

赤心墨兔说

原来数据链早就延伸到太空中了！

低空预警范围

中小型无人侦察机、武装直升机的活动空域，距地面几百米至数千米。

陆地与海面预警范围

大型地面雷达、海上战舰的舰载雷达等装备的预警搜索范围。

与卫星已建立数据连接，通信系统运行正常。

太空预警范围
位于大气层外的近地太空。侦察卫星数据网络从太空中对地面的目标进行精准定位。

高空预警范围
只有特殊设计的飞行器才能到达这个空域，大多数普通防空武器无法威胁到这里。

中高空预警范围
大型侦察机、预警机的主要活动空域。

北斗卫星系统

无侦-7 高空无人侦察机

无侦-8 超声速隐形无人侦察机

"神雕"高空无人预警机

平流层侦察飞艇

高新 8 号电子侦察机

空警-500A 预警机

空警-2000 预警机

BZK-005 新式侦察无人机

"双尾蝎"多功能无人机

直-19 武装直升机

攻击-2 察打一体无人机

地面卫星测控站

远程警戒雷达车

反隐形远程雷达

舰载大型相控阵雷达

高空预警雷达站

空天预警数据链就像空中的一张大网。

23

雷达发现敌方隐形战机编队，已锁定目标！

敌方的隐形战机在我方更强大的雷达面前无处遁形，它们再也骗不了我们了！

对敌方预警机发起电磁反制，使它们预警系统失灵！

海陆协同，克敌制胜！

　　尖锐的警报声猛然响起！敌人使用了最先进的武器，从海上和空中发起了进攻。在我方的防卫力量赶到之前，预警机已经抢占先机，实现了从陆地到海洋的全盘掌控。

预警机是能扭转战局的中坚力量。

接到预警机的战术指令，正在全速赶往战场！

高空预警雷达站

歼-20 隐形战斗机

发现敌方军舰正在接近，协调后方导弹发起攻击！

预警机空战示意图

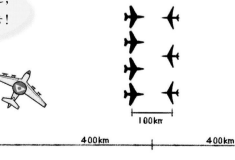

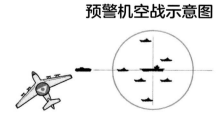

100km

400km　　　400km

1000km

"爱立眼"预警机
瑞典研制的预警机，是世界预警机家族中的"小个子"，但它的雷达可同时跟踪上百个目标。

预警机大盘点

这下，你知道预警机在空战中有多重要了吧？
接下来，让我们一起盘点一下这些空天"大咖"吧！

空警-2000 预警机

E-2D 舰载预警机
美国海军的主力舰载预警机，拥有可折叠机翼，能在航母上快速起降，是美军航母舰载机的空中指挥中枢。

费尔康预警机
世界上第一架装备相控阵雷达的预警机，创造性地将体积庞大的雷达安装在机身两侧，搜索视野比其他预警机的更大。

E-737 预警机
澳大利亚军队装备的预警机，绰号"楔尾"，由喷气式客机改装而来。一架 E-737 预警机的探测范围接近澳大利亚国土面积的 1/3。

看，预警机不仅有"大圆盘"雷达，还有"平衡木"雷达！

这架预警机长着一个大大的"鼻子"，外形可真奇怪！

以智慧取胜的空中较量

    黄昏时分，我们顺利返回机场，一起走下飞机。从战场归来的机组乘员精神昂扬，等待着执行下一次任务。不远处，预警机静静地停在停机坪上，夕阳在机身上洒满了金光……